对大自然的热爱，始于我的童年时代。

——大卫·爱登堡

图书在版编目（ＣＩＰ）数据

是谁在悄悄和我们告别 / 网易城市漫游计划著. — 长沙 ： 湖南科学技术出版社，2021.6
ISBN 978-7-5710-0899-4

Ⅰ．①是… Ⅱ．①网… Ⅲ．①生物多样性－少儿读物 Ⅳ．① Q16-49

中国版本图书馆 CIP 数据核字(2020)第 271500 号

SHISHUI ZAI QIAOQIAO HE WOMEN GAOBIE
**是谁在悄悄和我们告别**

著　　者：网易城市漫游计划
责任编辑：刘羽洁　邹　莉
出版发行：湖南科学技术出版社
社　　址：长沙市湘雅路 276 号
　　　　　http://www.hnstp.com
湖南科学技术出版社天猫旗舰店网址：
　　　　　http://hnkjcbs.tmall.com
邮购联系：本社直销科 0731-84375808
印　　刷：湖南天闻新华印务有限公司
　　　　　（印装质量问题请直接与本厂联系）
厂　　址：湖南望城·湖南出版科技园（0731-88387871）
邮　　编：410219
版　　次：2021 年 6 月第 1 版
印　　次：2021 年 6 月第 1 次印刷
开　　本：889mm×1194mm　1/16
印　　张：2.75
字　　数：16 千字
书　　号：ISBN 978-7-5710-0899-4
定　　价：48.00 元

# 是谁在悄悄和我们告别

网易城市漫游计划 —————— 著

湖南科学技术出版社

# 作者的话

　　小时候，我家住在一个十分幽深的巷子里。巷子虽窄，屋里客厅的窗户却很大，窗外就是一片广阔的田野。田野上有大片大片的油菜花，黄澄澄的，田埂则是我和爸爸妈妈散步、放风筝的好去处。田埂旁有水流，有一个个不深不浅的小土坡。还是孩子的我，曾在这里埋头挖荠菜，大人会吓唬我说要丢下我独自离开；初中时代带着弟弟玩耍，在他差一点就要跌入水里时，我会眼疾手快地拉他上岸。

　　当我在写这段文字时，不知不觉就湿了眼眶。我好像还能闻到当年风的气息。在这样的气息里，还有好多动植物的画面。它们在一二十年的光阴里，好像离我远去了，却又鲜活地走了过来。小时候的无数个夜晚，我都是伴着窸窸窣窣的蛐蛐声入眠，和它们共同演奏的，还有唧唧呱呱的蛙鸣。夏季的时候，大风吹过，荷叶就像商量好了似的，一起翻了面，知了也似乎永不知疲倦。有好几次我看见一条蛇或是蛇群，惊惧的同时，却忍不住好奇心，非要去瞅上几眼。

　　我的童年，就是在如此多种多样的生物的陪伴下度过。它们是大自然对我的馈赠。而我也从自然课本里、从电视节目中逐渐知道了，多样的生物面临的是怎样严峻的现实：贪婪和无知正把无数动植物推向万劫不复的境地。穿山甲被不断捕杀，犀牛角和象牙被砍掉……曾为世界带来无限美好的它们，现如今像流星般陨落。许多人对保护生物多样性的重要价值视而不见，但事实上，即使是携带多种病毒的蝙蝠，也可以为医学难题提供新的解决方法。

在我还是孩子的时候，低飞的蜻蜓是我的朋友，雨天的蚯蚓是我的朋友，墙壁上的蜗牛是我的朋友，地上的瓢虫是我的朋友，树上的紫薇花是我的朋友，屋顶的壁虎是我的朋友，阳台上乍然出现的螳螂是我的朋友，倏忽间停留又离去的鸟儿是我的朋友。无论"丑的"还是"美的"，它们都是一扇窗，一扇看世界的窗，一扇发现美的窗，一扇通往知识和理性的窗。我爱它们，希望你们也能好好爱它们。

《是谁在悄悄和我们告别》就是这样一册用知识来向孩子传递爱的绘本。在这里，我们把地球比作一栋巨大的房子，居住在其中的每个生命都是如此独一无二，而且是不可或缺的，连一直被伤害的犀牛，都在始终不懈地为生态系统举起盾牌。

本书在出版过程中得到了环保机构野生救援（WildAid）的支持和帮助，在此致以衷心的感谢。

请去爱它们，去尊重它们，去敬畏它们。不要让它们真的"告别"……

如果把我们的地球想象成一栋巨大的房子，
所有生命都居住在其中。
每个生命都是独一无二的，
它们彼此联结，发挥着自己的作用。

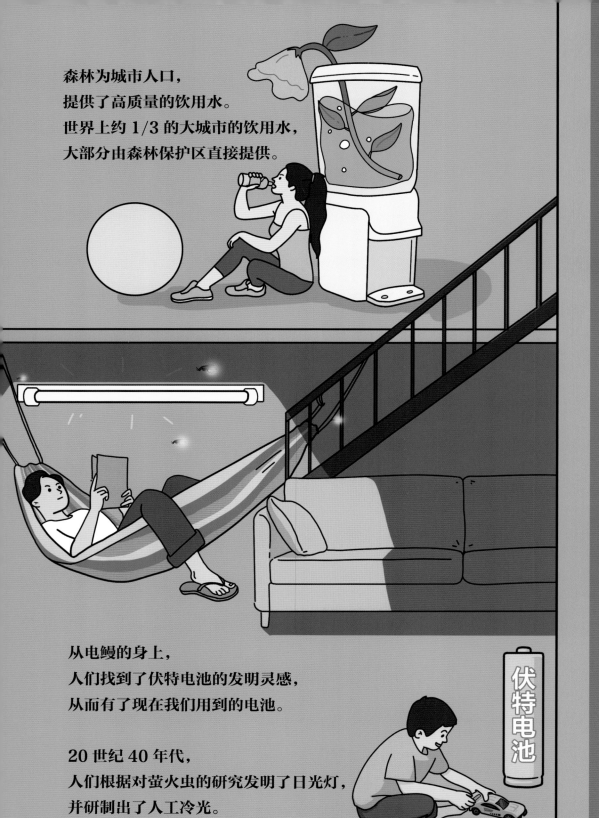

森林为城市人口，
提供了高质量的饮用水。
世界上约 1/3 的大城市的饮用水，
大部分由森林保护区直接提供。

从电鳗的身上，
人们找到了伏特电池的发明灵感，
从而有了现在我们用到的电池。

20 世纪 40 年代，
人们根据对萤火虫的研究发明了日光灯，
并研制出了人工冷光。

有些动物是传粉者，
有些动物是建筑师，
还有一些动物充当着人类生活的维护者。

它们有些很大，比如大象和榕树。
有些很小，比如蚂蚁和三叶草。

没错！地球上的生物好多好多，
通过科学家的估算，
目前已经被人类发现的生物大约
有 200 万种。

就连人类的每一次呼吸，
都和它们息息相关。

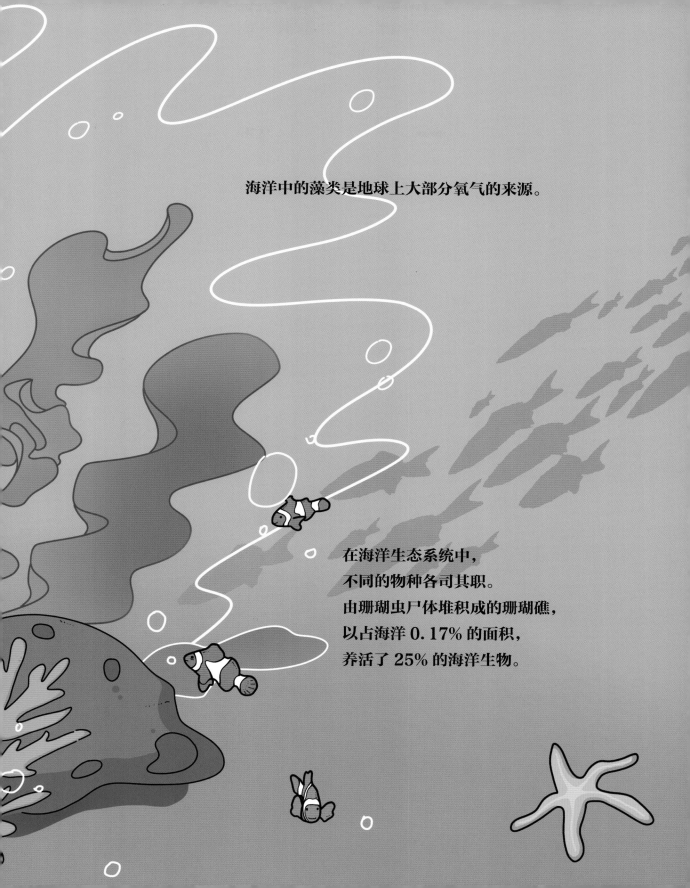

海洋中的藻类是地球上大部分氧气的来源。

在海洋生态系统中，
不同的物种各司其职。
由珊瑚虫尸体堆积成的珊瑚礁，
以占海洋 0.17% 的面积，
养活了 25% 的海洋生物。

海草固定了大量的碳，
还为很多海洋生物提供食物和庇护。
这其中就有海龟。

如果这些海洋生物的数量太多，
就会过度啃食海草床，
破坏珊瑚礁。

所以，像鲨鱼这样的顶级掠食者，就发挥着重要的作用，平衡着海龟、鱼类和海洋哺乳动物的数量。

各种生物就这样一环扣一环，
直接或间接地
维系着生态的平衡，
也让人类获得自然的馈赠。

健康的生态系统能够更好地抵御自然灾害，
也能更快地从各种灾害中恢复。

不幸的是，
因为过度开发、污染和猎捕等诸多原因，
地球生态系统正在遭受前所未有的破坏。
近 500 年来，
地球上至少有 680 种脊椎动物已经灭绝。

SARS 病毒

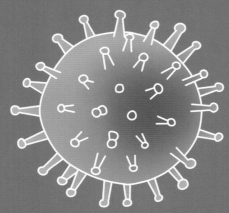

禽流感病毒

埃博拉病毒

生物多样性的丧失，给人类带来了一个巨大的威胁：疾病肆虐。
一些人认为病毒传播是因为人们食用了野生动物，
因而对野生动物产生了仇视心态，
希望能将它们"生态灭杀"。

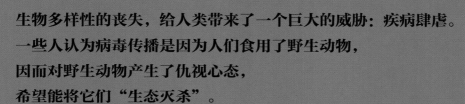

但事实上，物种多样性程度越高，
人类感染人畜共患病的概率就越低。
因为野生动物会对疾病的传播起到缓冲和稀释作用。

比如在山林地区高发的莱姆病，
就是蜱虫叮咬了携带病菌的老鼠之后又叮咬人而造成的。

但如果这一区域有数量和种类丰富的其他小型啮齿类动物，
比如松鼠，蜱虫叮咬带病老鼠的概率就降低了，
把病菌传播给人的可能性也就变小了。

## 当生物多样性缺失时

## 当生物多样性丰富时

对于禽流感的暴发，
一些人归咎于迁徙的水鸟。
当湿地被改为农田或水田，
水鸟失去了栖息地，
才不得不进入稻田觅食。

而湿地增加之后，
野生鸟类与家禽接触的机会减少，
禽流感的感染概率也将大大降低。

保护生物多样性，

不仅能减少人畜共患病发生的概率，

更能为医学难题提供新的解决方法。


目前，人类已经在蝙蝠体内分离出超过 100 种病毒。

奇妙的是，

虽然蝙蝠携带多种病毒，

但它自己并不患病。

科学家们通过对蝙蝠免疫系统的研究，

可以帮助人们找到对抗病毒的新手段。

不仅仅是动物，
就连植物也掌握着医学新领域的钥匙，
黄花蒿中提取出的青蒿素就是最好的证明。

不仅如此，野生动物还能为当地人
带来收入和工作机会。
在非洲肯尼亚，一头大象所带来的旅游收入，
可以供 100 个孩子上学。

每一种生物，本都应有属于它们自己的颜色和风景。
千万别用贪婪把它们染成血红色。

生态系统中每一个物种都相互关联，
失去了一个，就会危及另一个。

动物帮我们抵御了灾难，
也让我们能够更好地生存。
但对动物来说，
最大的灾难可能来自人类。

因为象牙贸易，
平均每年 20 000 头大象死于盗猎。

全球鲨鱼捕捞量在 50 年里增加了 3 倍，
最多时，一年有 888 000 吨鲨鱼被捕捞。

2016—2019 年，
对穿山甲肉和甲片的需求，
导致至少 500 000 只穿山甲被捕获和杀害。

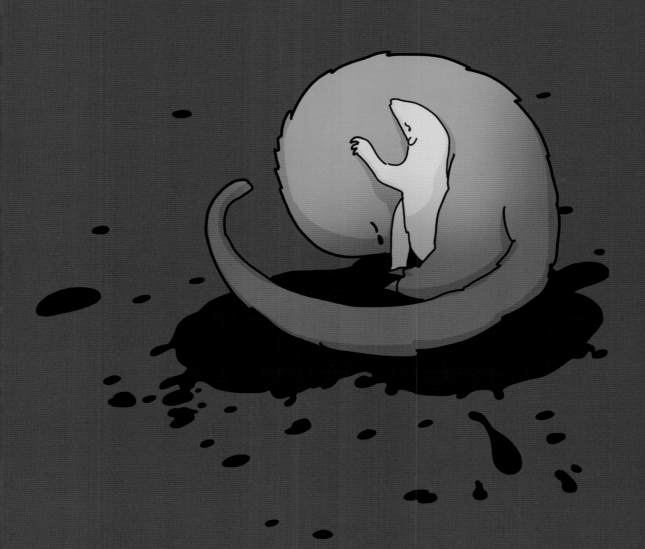

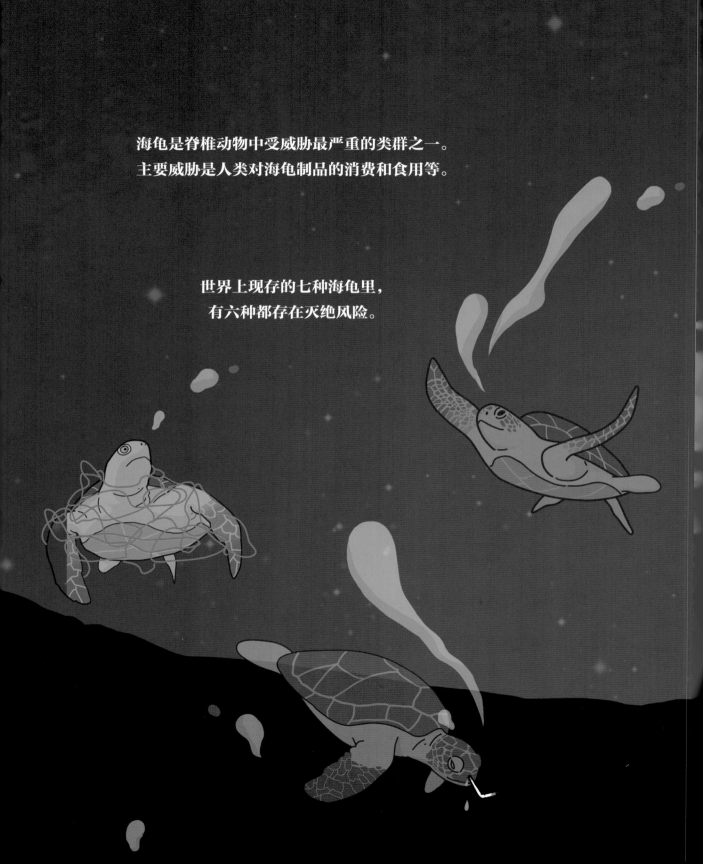

海龟是脊椎动物中受威胁最严重的类群之一。
主要威胁是人类对海龟制品的消费和食用等。

世界上现存的七种海龟里，
有六种都存在灭绝风险。

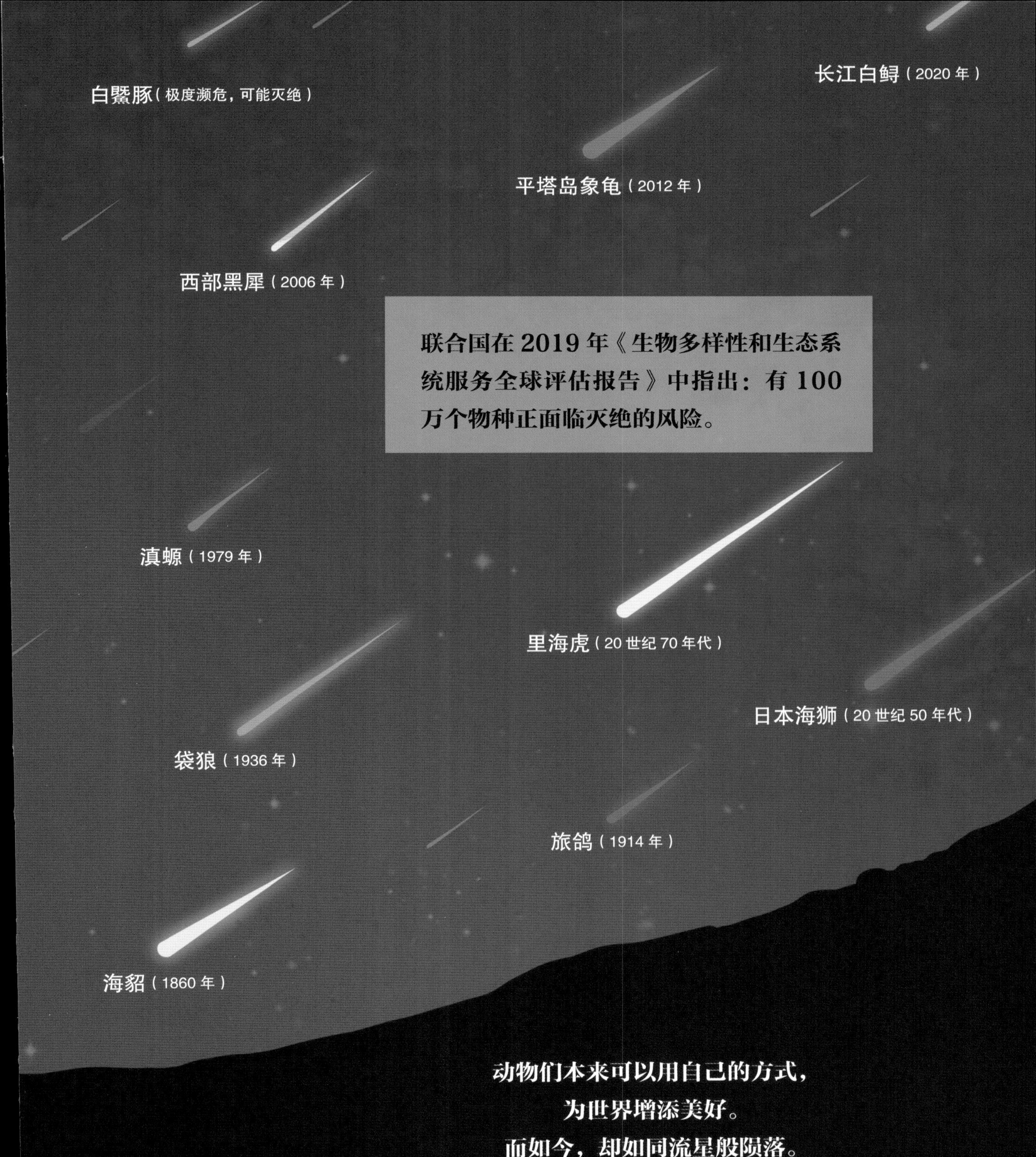

白鱀豚（极度濒危，可能灭绝）

长江白鲟（2020 年）

平塔岛象龟（2012 年）

西部黑犀（2006 年）

联合国在 2019 年《生物多样性和生态系统服务全球评估报告》中指出：有 100 万个物种正面临灭绝的风险。

滇螈（1979 年）

里海虎（20 世纪 70 年代）

日本海狮（20 世纪 50 年代）

袋狼（1936 年）

旅鸽（1914 年）

海貂（1860 年）

动物们本来可以用自己的方式，
为世界增添美好。
而如今，却如同流星般陨落。

过度的利用和消费，
严重破坏了生物多样性，
而当这些"地球卫士"消失的那天，
人类也将面临灭顶之灾。

但好在我国正在逐步完善保护野生动物的相关法律。

我们的行动，
不仅仅关乎每一个濒危物种的未来，
也关系到人类的福祉和地球的命运。
拒绝买卖和食用野生动物。
人与自然，和谐共生。